味道大揭秘

张劲硕 史军◎编著 余晓春◎绘

四川科学技术出版社

图书在版编目 (CIP) 数据

味道大揭秘 / 张劲硕 , 史军编著 ; 余晓春绘 . --
成都 : 四川科学技术出版社 , 2024.1
（走近大自然）
ISBN 978-7-5727-1214-2

Ⅰ . ①味… Ⅱ . ①张… ②史… ③余… Ⅲ . ①味觉 –
少儿读物 Ⅳ . ① R339.13-49

中国国家版本馆 CIP 数据核字 (2023) 第 233992 号

走近大自然　味道大揭秘
ZOUJIN DAZIRAN　WEIDAO DA JIEMI

编 著 者　张劲硕　史 军
绘　　者　余晓春

出 品 人　程佳月
责任编辑　黄云松
助理编辑　叶凯云
封面设计　王振鹏
责任出版　欧晓春
出版发行　四川科学技术出版社
　　　　　成都市锦江区三色路 238 号　邮政编码　610023
　　　　　官方微博 http://weibo.com/sckjcbs
　　　　　官方微信公众号　sckjcbs
　　　　　传真　028-86361756
成品尺寸　170 mm × 230 mm
印　　张　16
字　　数　320 千
印　　刷　河北炳烁印刷有限公司
版　　次　2024 年 1 月第 1 版
印　　次　2024 年 1 月第 1 次印刷
定　　价　168.00 元（全 8 册）

ISBN 978-7-5727-1214-2

邮　　购：成都市锦江区三色路 238 号新华之星 A 座 25 层　邮政编码：610023
电　　话：028-86361770

目录

鸡枞菌下面藏着 白蚁穴

鸡枞菌根部的下方
必有白蚁巢穴

　　2021 年，科学家在河南平顶山一处湿地公园调查生态时，意外发现了大片白蘑菇。该湿地公园的林地中松针厚实，腐殖质丰富，照理说长蘑菇不稀奇，为什么科学家对发现白蘑菇如此吃惊呢？

　　经实验室分子生物学测序，这些蘑菇属于鸡枞菌（蚁巢菌属），这是平顶山市首次发现蚁巢菌属真菌。蚁巢菌属真菌主要分布于我国云南、贵州、四川等地，是备受西南地区人民喜爱的野生菌之一。长期以来，鸡枞菌的价格居高不下，其原因就是这种菌无法人工种植。

在云南，长年采摘野菌的当地人都知道，鸡枞菌根部的下方必有白蚁巢穴。白蚁用植物材料建造地下巢穴，这些巢穴形如珊瑚、海绵，造型复杂多样。不管是哪种造型的巢穴，都具有通风良好的特性，鸡枞菌菌丝体就长在这些地方。白蚁慢慢啃食这些菌丝体，诱导菌丝体形成节，并不断把有机质添加到上面。就这样，鸡枞菌为白蚁提供食物，白蚁巢穴则为鸡枞菌提供适宜的湿度和温度。

鸡枞菌的这种特性导致鸡枞菌很长时间内都难以人工培育。经过科学家们的不懈努力，人们模仿自然条件下菌种与白蚁巢穴的生长环境，培育出与野生鸡枞菌高度相似的鸡枞菌，破解了鸡枞菌无法人工繁育的难题。

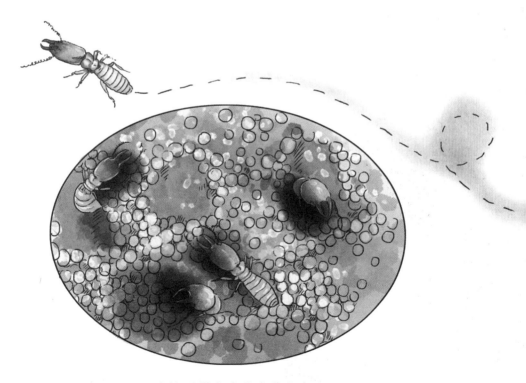

白蚁以巢穴中的真菌为食

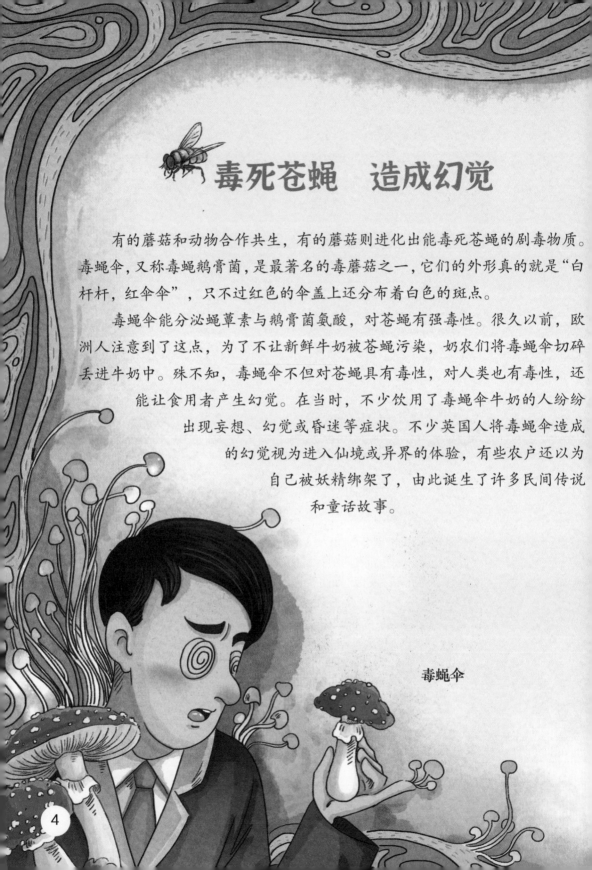

毒死苍蝇　造成幻觉

　　有的蘑菇和动物合作共生，有的蘑菇则进化出能毒死苍蝇的剧毒物质。毒蝇伞，又称毒蝇鹅膏菌，是最著名的毒蘑菇之一，它们的外形真的就是"白杆杆，红伞伞"，只不过红色的伞盖上还分布着白色的斑点。

　　毒蝇伞能分泌蝇蕈素与鹅膏菌氨酸，对苍蝇有强毒性。很久以前，欧洲人注意到了这点，为了不让新鲜牛奶被苍蝇污染，奶农们将毒蝇伞切碎丢进牛奶中。殊不知，毒蝇伞不但对苍蝇具有毒性，对人类也有毒性，还能让食用者产生幻觉。在当时，不少饮用了毒蝇伞牛奶的人纷纷出现妄想、幻觉或昏迷等症状。不少英国人将毒蝇伞造成的幻觉视为进入仙境或异界的体验，有些农户还以为自己被妖精绑架了，由此诞生了许多民间传说和童话故事。

毒蝇伞

外表平平无奇的 "肝脏杀手"

并不是所有的毒蘑菇都像毒蝇伞那么艳丽醒目，有时最不起眼的白蘑菇很可能就是剧毒无比的"杀手"。

一天，一位村民在吃下自己在野外采摘的白蘑菇后昏迷，随后被送往医院抢救。经专家认定，他吃下的蘑菇是鳞柄白鹅膏。这种蘑菇在被吃下后 6～12 小时，会对人的肝脏造成巨大伤害，中毒者往往难以抢救过来，因此这种蘑菇也被称为"招魂天使"。

鳞柄白鹅膏等鹅膏菌中含有鹅膏毒肽。鹅膏毒肽进入细胞后，会抑制细胞内 RNA 聚合酶 II 的活性，让细胞失去合成蛋白质的能力。由蛋白质构成的酶等活性大分子是细胞活动的重要参与者，没了它们，细胞的生命活动就难以维系，其结果就是细胞坏死。鹅膏毒肽的主要攻击目标是肝脏，肾脏也是其重点攻击目标。

更令人头疼的是，鹅膏毒肽化学性质非常稳定，高温、低温、紫外线、胃酸、长时间炖煮等都不能消除其毒性。看来，吃蘑菇还是得选择人工种植的品种，吃野生菌的风险实在是太高了。

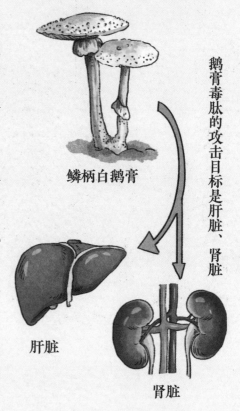

鳞柄白鹅膏

肝脏

肾脏

鹅膏毒肽的攻击目标是肝脏、肾脏

自己溶解自己的 "害羞" 蘑菇

　　有些蘑菇有点儿 "害羞"，长出来没几天就把自己溶掉了。一天早晨，一位女士意外发现家里的木窗框上长出了几朵灰色的蘑菇，上面长着灰白色的茸毛，煞是可爱。然而，当天下午她下班回到家中时，这些蘑菇竟然只剩光杆儿，菌盖变成了黑色的黏液。在一个多月的时间里，她家的窗框上每隔几天就会长出几朵相同品种的蘑菇，但都是上午被发现，下午就变成黑色的黏液了。

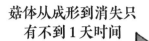

菇体从成形到消失只有不到1天时间

窗框上长出的蘑菇名为墨汁鬼伞，它们的孢子会飘落到人们家中，待环境温暖潮湿时萌发。墨汁鬼伞不只可以长在窗框上，甚至就连人们家中的墙纸缝隙、地板缝和木柜都是它们的理想栖息地。墨汁鬼伞的子实体，也就是菇体，从成形到消失只有不到1天时间，可谓神出鬼没。

原来墨汁鬼伞的子实体成熟后，菌盖会被自身产生的几丁质酶分解掉，从菌盖边缘向中心逐渐液化。不只是墨汁鬼伞，粪锈伞科、伞菌科的一些真菌也会自溶。那么，真菌为什么要溶解掉自己呢？一些科学家猜测，在一些干旱环境中，子实体就像导管一样，会让位于地下的菌体快速失水，为了加速传播孢子，一些真菌进化出让子实体快速消失的手段，自溶就是其中的一种。

粪锈伞科

伞菌科

马勃

搭便车的 鸟巢菌

鸟巢菌

所有蘑菇都希望自己的后代散播到更远的地方，因为在同一区域繁衍势必会导致竞争愈演愈烈，不利于种群延续。例如，马勃成熟后会将孢子喷出，孢子可以乘着上升气流来到高空，并顺风进行长途旅行。

鸟巢菌则演化出了与众不同的传播方式，它们相中了吃草的牛。鸟巢菌的子实体形同小碗或鸟巢，"巢"内有一个个装满孢子的小囊。一些鸟巢菌借助雨滴的冲击力将小囊击打出"巢"。小囊的尾部有一个长长的、富有弹性的菌丝索，它的作用相当于小囊的钩子，能够轻易挂在草叶上。就这样，小囊先黏附在附近的草叶上，然后被牛等食草动物吃下去。牛的消化道很长，从吃下草叶到完成消化，其间还要经历多次反刍。鸟巢菌的孢子小囊随着牛粪被排出牛体外时，牛已经移动了相当长的一段距离，鸟巢菌不但完成了一次长途旅行，同时落地就有牛粪供其生长，可谓一举两得。

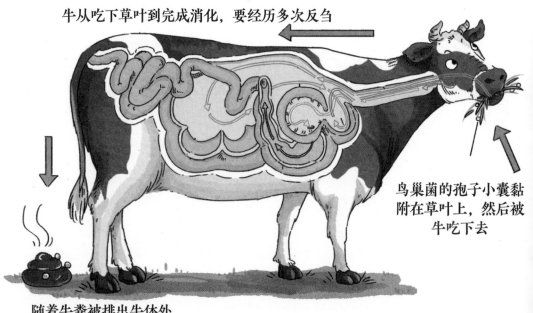

牛从吃下草叶到完成消化，要经历多次反刍

鸟巢菌的孢子小囊黏附在草叶上，然后被牛吃下去

随着牛粪被排出牛体外

从鼹鼠粪便中吸取氮肥

　　蘑菇作为真菌的子实体，负责制造和传播真菌孢子，而蘑菇的习性也让研究蘑菇的科学家为之着迷。比如，有些蘑菇尤其喜欢氮肥，某种黏滑菇的假根甚至能够深入地面下方好几米深处的鼹鼠巢穴，从鼹鼠粪便中吸取氮肥。更让人惊奇的是，就连地下深处的动物尸骸都迟早会被这些蘑菇发现，它们经常会从动物的尸骸上冒出来。

葱姜蒜，你不知道的那些事儿

炒菜之前用葱姜蒜炝锅，热油一激，顿时散发出异香，因此葱姜蒜被形象地称为中国厨房的"三宝"。你可知道这些香料植物背后的秘密？

和事草——葱

2023 年，山东章丘种植的一根大葱以 2.586 米的高度创造了吉尼斯世界纪录。

我国种葱的历史久远，在汉代的《尹都厨书》中就有《种葱篇》。至于吃葱，《清异录》中把葱称作"和事草"，足以表明葱在厨房里的地位。

北方市场上大多是大葱

为什么我们不掰开或切开葱，就感受不到葱味呢？这是因为，葱含有无色无味的蒜氨酸类物质，当葱的组织受损之后，蒜氨酸类物质就会在蒜酶的作用下分解成气味浓烈的化合物，葱的辛味由此显现。不过，这些辛味物质怕热，它们会在加热时大量分解。葱叶中的蒜氨酸类物质含量通常低于葱白中的含量，因此凉拌菜多用葱叶，而煎炒炖炸常用葱白。

南方市场上大多是
一丛一丛的小葱

我国南方市场上的葱大多是一丛一丛的小葱，它们叫作分葱，其辛味比大葱淡多了；北方市场上大多是大葱，也会有与分葱相貌类似的小葱，只是它们被叫作香葱（学名细香葱），其特点在于香。相比于分葱，细香葱的葱白更短，葱叶更细，辛味也更淡。有趣的是，细香葱还会被作为园林植物来种植，这是因为其花球呈漂亮的紫色（大葱和分葱的花球为白色）。不论南北，人们都爱用葱白炝锅，但记得炝锅的时间要尽可能短，否则会破坏葱白中的营养物质；相比而言，在菜起锅之前撒上一点儿葱花，则可以营养、美味两不误。

　　除了我们常见的这些葱，还有楼子葱（倒栽葱）、胡葱等多种葱属植物。不论哪种葱，不论怎么吃，其生吃时的刺激、焖炖后的软糯、油煎后的焦香，都让人食欲倍增。而且，常吃葱还可以起到降低血脂、调节血糖等作用。

菜中之祖——姜

　　从古至今，姜一直是中国菜肴的核心调料之一，享有"菜中之祖"的美誉。在西方，姜融入饮食中，成为姜饼、姜糖、姜汁啤酒等的重要组成部分。

　　姜，别名地辛，我们食用的是其根茎（即生姜）。生姜的"姜"在古代写作"薑"，形似其在土壤中茁壮成长的样子。早在商周时期，我国就有了使用姜的记载。孔子说"不撤姜食"，即每顿饭都要有姜相伴。姜发芽后仍可以吃，但如果姜体腐烂发霉就不要吃了，因为生姜腐烂后会产生黄樟素，摄入过多对肝脏有毒害作用。

生姜

热姜汤

　　姜酚、姜酮、姜烯酚等物质统称姜辣素，姜的辣味和独特风味就是这些物质产生的。有趣的是，某些姜辣素的沸点高于炒菜时锅内的温度，因此爆炒时的高温并不会让生姜损失全部姜辣素。由此可见，生姜是非常适合炝锅的调料。

**寒冷天喝下一碗热姜汤，
顿时感觉全身暖暖的。**

不过，姜的辣味很温和，即使不吃辣椒的人，对些许的姜丝姜末也不会反感。姜辣素可加强心肌收缩，促进血液循环，寒冷天喝下一碗热姜汤，顿时感觉全身暖暖的。如今，姜可制成姜酒、姜油、姜片等多种饮食。此外，人们已从姜中分离、提炼出姜精油，它具有健胃止吐、消炎、抗菌等功能，是制造药品、食品和化妆品的重要原料。虽然很多研究声称生姜可以抗氧化、降低胆固醇含量，但这些结果都是用纯化的物质在动物身上实验取得的，至于饮食中的生姜能为人类的健康带来多少好处，尚不明了。

姜酒、姜油、姜片等

姜罐

清代康熙到乾隆时期流行一种罐子，平盖圆腹，人头大小，俗名人头罐，常用来存储一些小物件，可放在客厅作摆设。17~18世纪，人头罐被大量运往欧洲，正好那个时期欧洲贵族以吃生姜为荣，因此他们使用这种名贵瓷器来装生姜，并称其为"姜罐"。

蔬中良药—蒜

　　大蒜可谓是蔬中良药——在古希腊，大蒜被用作运动员的"兴奋剂"；战争时期，士兵用大蒜汁临时替代消毒水；在古代中国，大蒜除入药之外，还被用作食品防腐剂。俗话说"吃肉不吃蒜，香味减一半"，这句民谚的背后是有科学依据的。科学家发现，大蒜具有强烈的诱食作用。所谓诱食作用，是指大蒜释放的香味能大大提高动物的食欲，让闻到香味的动物进食速度大大增加。与此同时，大蒜还能促进动物的胃液分泌和胃肠蠕动。许多饲养企业会在饲料中拌入大蒜或大蒜叶，这种饲料深受牲畜的喜爱。人类也是动物，自然也难逃大蒜的这种"魔法"。

我们能吃上大蒜，还要归功于张骞。张骞出使西域，带回了大蒜。这种最初名叫"胡蒜"的植物，迅速征服了人们的味蕾，几乎所有绿叶蔬菜在清炒时都逃不了大蒜的"侵袭"。

如今，我国是世界上最大的大蒜种植和出口国，2020年我国大蒜产量约为 2 400 万吨，其中约 10% 用于出口，剩下的大蒜绝大部分都出现在了我们的餐桌上。大蒜平常不会释放出丝毫的辛辣味道，一旦剥去它的"外套"，放在嘴里一嚼，大蒜细胞遭到破坏，就会产生大蒜素，让人火辣难耐。

脆生爽口的糖蒜

蒜薹

蒜苗

大蒜头

正是凭借其独特的刺激味道，大蒜赢得了各国人民的青睐，比如德国有大蒜蜂蜜、大蒜泡酒；日本有蒜味薯片、蒜味冰激凌等；在中国，大蒜还会作为"主角"登场，比如绿如翡翠的腊八蒜、脆生爽口的糖蒜等。

大蒜的世界里还有蒜苗和蒜薹，它们的食用价值也很高，尤其在我国南方地区，蒜苗在炒菜中的使用频率也不低。

吃完大蒜口里会有难闻的气味

嗝

绿如翡翠的腊八蒜

大蒜还是抗菌能手

除了满足味蕾，大蒜还是抗菌能手。这是因为，大蒜素能够潜入细菌细胞，控制细菌对甘氨酸和谷氨酸的摄入量，最终"饿死"细菌。众所周知，吃完大蒜口腔里会有难闻的气味，但最新的研究表明，人吃了大蒜可以增加自身"体香"。这是因为，人体腋下汗液的臭味是拜细菌、病毒等微生物所赐，而随汗液排出的大蒜素通过杀菌消毒作用会使汗液变得好闻。

自古以来，各种香辛调味料以自己独特的味道让人欲罢不能，比如花椒的麻、辣椒的辣，葱姜蒜也以各自独特的香辛刺激征服了人们的味蕾。不过，有肠胃疾病的人应避免一次性摄入过多的葱姜蒜，而且最好加热、熟透后再吃。

菌中之冠——银耳

银耳是银耳真菌的子实体。我们平时吃的香菇、口蘑、金针菇也都是食用菌的子实体，是真菌用以散播孢子的器官，然而银耳却有"菌中之冠"的美誉。这是因为银耳的生长条件和环境决定了它的营养及保健价值。

香菇

口蘑

金针菇

在温度和湿度适宜时，银耳菌丝就会扭结成簇生长，形成雪白色的子实体，其上分布着无数个像扁担一样的担子。每个担子下面悬挂着四个担孢子，因此银耳这一类真菌也被叫作担子菌。在子实体成熟的过程中，这些担子上面的孢子就会不断地被弹射出去，有的落在树木上，有的掉进泥里，有的被风带到很远的地方……古时候的人还没有掌握银耳的育种技术，最早采用的人工种植方式就是将砍伐的青冈树直接放在能够长出野生银耳的山坡和树林中。这其实就是依靠风将孢子带到青冈树上。当然，在这种自然环境下银耳的产量是极低的。

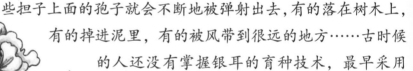

—— 银耳

担孢子只是单倍体的"配子"，并不能独立长成健全的双核菌丝。它们需要和相应的其他"配子"结合，才有可能形成"合子"，从而萌发出双核菌丝。

在野外环境下，绝大多数的担孢子都无法顺利变成银耳，这是因为除了对温度、湿度有要求外，银耳菌丝还必须遇到与它相伴的香灰菌以及折断、倒下的青冈树才能继续生长。靠着香灰菌分解木材的能力，银耳才能在朽木上获得足够的营养，因此银耳真菌生长状况在很大程度上取决于香灰菌的生长情况。

当外界环境不理想时，银耳就不得不想办法把自己保护起来。于是有一部分银耳孢子和断裂的银耳菌丝开始向厚垣孢子转变，它们的细胞开始膨大，细胞壁逐渐变厚，就像是一个穿上厚重铠甲的"大胖子"，静静地等待萌发的时机……

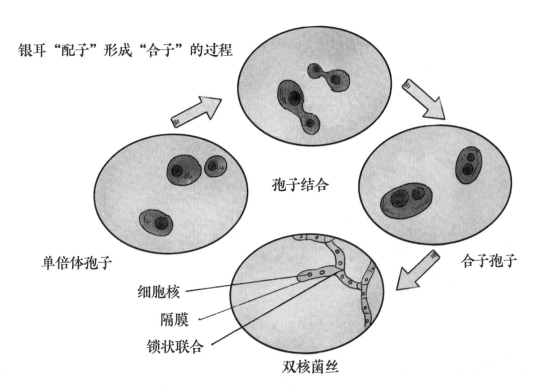

银耳"配子"形成"合子"的过程

孢子结合

单倍体孢子

合子孢子

细胞核

隔膜

锁状联合

双核菌丝

银耳的老家

今天，银耳在不少地方都有种植，但如果追根溯源就可以发现，全国用于人工种植的银耳菌种基本都来自四川省通江县，那里是银耳的老家。据记载，通江人最早在雾露溪（现通江县涪阳镇雾露溪）发现，种植黑木耳的青冈树上长出了白色的木耳，并且在接下来的一年又同样出现这样的怪事。起初，人们认为这种"白木耳"只不过像"白化人"一样，是黑木耳白化的结果。但随着时间的推移，当地人逐渐认识到这种特殊的白木耳拥有独特的食用和药用价值，这才开始了对其栽培方式的探索，并且给它起了一个好听的名字——银耳。

白色的木耳
（后取名银耳）

黑木耳

通江县地处秦巴山区南麓，气候湿润，地貌类型多样，整体地形呈"三山夹两谷之势"，大小通江河汇聚贯穿全境。漫山遍野的青冈树林为野生银耳提供了大面积的栖息地，而在山林中还存在着银耳的天然伴侣"香灰菌"，有了它的协助，银耳才能在死去的青冈树上获得营养，并且一代代繁衍。

岩藻糖在海藻
中较为多见

目前陆生真菌中只
有银耳含有数量可
观的岩藻糖

银耳

海藻

银耳的祖先

目前陆生真菌中只有银耳含有数量可观的岩藻糖，这确实比较奇怪。一般来说，岩藻糖在海藻中较为多见，特别是在海藻黏滑的表面含量较高。藻类需要含有岩藻糖的多糖来帮助自己抵抗氧化和高盐分的海洋环境，维持藻体内部适宜的生长环境。然而，银耳是陆生真菌，喜干不喜湿，过多的水分反而会让银耳子实体霉坏，甚至掉耳，也很不利于银耳菌丝在木质部中的生长。既然如此，银耳为何会含有如此多的岩藻糖呢？当我们回顾银耳诞生地的地质历史，便会逐渐发现这一切并非巧合。

四川盆地中部是丘陵，四周被高山围绕，形状就像一个大盆。时间倒退到 2.5 亿年前，这一片土地还是一片海洋。两亿多年前开始的印支运动使得四川盆地整体抬升，不少被海水淹没的地区逐渐上升成陆地，四川盆地由海盆转为湖盆，并形成了著名的"巴蜀湖"。这一时期的"巴蜀湖"还只是一个内陆盐湖，湖水的盐分和海洋相当，通江县就处在这个湖盆的边缘。

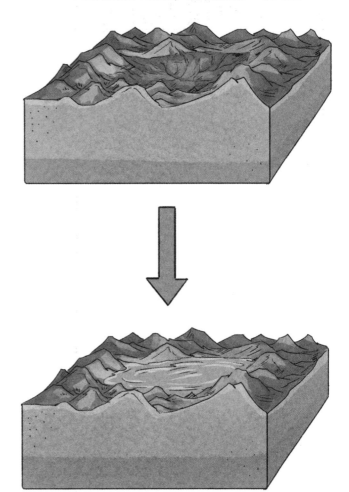

四川盆地中部是丘陵，
四周被高山围绕，形状就像一个大盆

倒退回 2.5 亿年前，四川盆地还装满了海水

通江县至今依然保留着
传统的段木银耳种植方式

如何人工种植银耳？

　　根据种植基质的不同，银耳主要分为以木屑或棉籽壳为基质的代料银耳，以及以青冈段木为基质的段木银耳。代料银耳的基质疏松，并且易于添加各种促进其生长的元素，因此这种银耳生长速度快、周期短、产量极高，市面上买到的朵形和耳基很大、价格较低的银耳基本上都是这种银耳。通江县至今依然保留着传统的段木银耳种植方式。有些人将"段木"写作"椴木"，不知情者以为这些银耳是从椴木上长出来的，其实这是以讹传讹。"段木"不是指木材种类，而是外形，也就是一段段直径约10厘米、长约1米的青冈树原木。

在通江县的银耳产区，每年二三月份，耳农们会定时上山砍伐当年所需要的耳棒(即段木)，俗称"砍山"。树龄七八年的粗皮青冈树是做耳棒最好的木材。耳农们一边砍伐一边还要栽种青冈树新苗，这样才有源源不断的青冈树资源。砍伐下来的青冈段木首先要经过30多天的充分架晒才可使用。这是由于刚砍伐的段木中含有相当数量的抗菌蛋白，它们会阻碍银耳菌和香灰菌的生长，因此需要通过架晒来降低段木中抗菌蛋白的活性，从而制成合格的耳棒。接下来，架晒完毕的耳棒经过消毒钻孔等程序后，才可接种银耳菌丝和香灰菌丝。

砍伐下来的青冈段木首先要经过
30多天的充分架晒才可使用

接种银耳菌丝
和香灰菌丝

消毒钻孔

　　等待银耳长成形需要耐心。在此期间，温度、湿度、通风和光照都需要严格控制，虫害更要严格防范，"三分种，七分管"，形容的就是种植银耳的艰辛。

　　进入六七月份，耳农们终于迎来期盼的收获时节。一个个耳孔中探出如同绣球一般雪白的小团，逐渐伸展成一朵朵雪白、半透明的耳花。当银耳长到触碰起来比较柔韧的时候就可以采摘了。一个耳孔出的银耳被摘下后，一般再过几天又会再长出一朵。根据管理水平的不同以及周围环境的适宜程度，每家每户的采收数量和次数也不尽相同。采摘下来的银耳还要经过修剪、淘洗、烘干、装袋这几个流程，才会流入市场。

修剪　淘洗　烘干　装袋

摘下来的银耳流入市场前的步骤

银耳的 营养价值

早在 20 世纪 70 年代，科学家就注意到了银耳在抗癌等方面的作用。他们通过小鼠实验，发现银耳多糖可以抑制小鼠肿瘤生长。在研究银耳的过程中，科学家逐渐认识到银耳中含有的各种多糖才是银耳健康价值的基石。

银耳多糖可以
抑制小鼠肿瘤生长

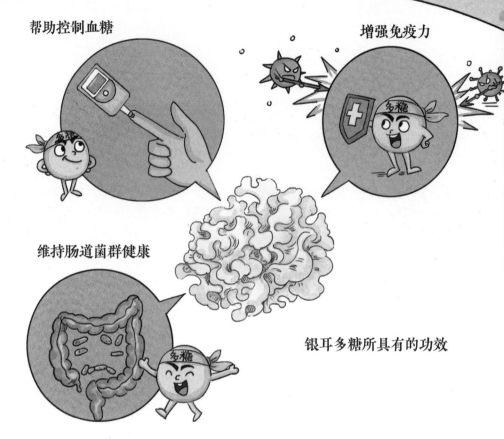

帮助控制血糖

增强免疫力

维持肠道菌群健康

银耳多糖所具有的功效

　　银耳多糖种类多样，构成复杂，不过，构成银耳多糖的主要单糖却只有几种：甘露糖、葡萄糖、木糖、果糖、岩藻糖和半乳糖。科学家通过研究发现了甘露糖、木糖、岩藻糖等单糖抑制肿瘤细胞生长的原理，并经对银耳、木耳、金耳、虫草和灵芝等进行分析。结果显示，银耳多糖中单糖的多样性最高。相比代料银耳的生长周期(35～40天)，段木银耳的生长周期要长得多。但是"慢工出细活"，生长周期越长，银耳就越能有充分的时间将分解木质素和纤维素获得的葡萄糖和寡糖转化为甘露糖、木糖和岩藻糖。科学家通过组分分析发现，段木银耳中的甘露糖、木糖和岩藻糖的含量比代料银耳的含量更高，而葡萄糖含量则明显低很多，这说明段木银耳对葡萄糖和寡糖的转化率更高。

一般认为，包括银耳多糖在内的多糖不能被人体直接吸收利用。但是，这种看法目前正在发生改变：首先，银耳多糖有相当部分是以糖蛋白形式存在的，人体在消化银耳蛋白质的同时可以吸收构成银耳多糖的单糖和寡糖；其次，小鼠实验表明，哺乳动物的小肠并非完全不能吸收大分子的多糖，近年来也有学者认为哺乳动物可以通过体内的网格蛋白吸收某些复杂多糖。因此，人体是有可能利用银耳多糖的。

小鼠实验表明，哺乳动物的小肠并非完全不能吸收大分子的多糖

让我们一起走近大自然，探索奇妙世界吧！